手をつないで，ゴールをめざせ！

8 よこつなぎシールをはるよ。

9 たてつなぎシールをはるよ。

JN041007

スタート
START

← よこつなぎシールをはろう

| 1 | 2 | 3 | 4 | 5 | 6 | 7 | 8 |

たてつなぎシールをはろう

9

43 | 44 | 45 | 46 | 47 | 48 | 49 | 50 | 10

42 | 51 | 11

41 | 73 | 74 | 75 | 76 | 52 | 12

40 | 72 | フレー！ フレー！ | 77 | 53 | 13

39 | 71 | 78 | 54 | 14

38 | 70 | 79 | 55 | 15

37 | 69 | 56 | 16

36 | 68 | ゴール GOAL | 57 | 17

35 | 67 | 58 | 18

34 | 66 | 59 | 19

33 | 20

32 | 65 | 64 | 63 | 62 | 61 | 60 | 21

| 31 | 30 | 29 | 28 | 27 | 26 | 25 | 24 | 23 | 22 |

このドリルの特長と使い方

このドリルは，「苦手をつくらない」ことを目的としたドリルです。単元ごとに「問題の解き方を理解するページ」と「くりかえし練習するページ」をもうけて，段階的に問題の解き方を学ぶことができます。

① **りかい**

問題の解き方を理解する
ページです。問題の解き方のヒントが載っていますので，これにそって問題の解き方を学習しましょう。
大事な用語は おぼえよう！
として載せています。

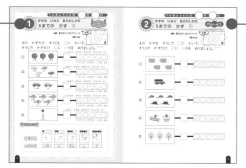

② **れんしゅう**

「理解」で学習したことを身につけるために，くりかえし練習するページです。「理解」で学習したことを思い出しながら問題を解いていきましょう。

③ ◇ **チャレンジ**　間違えやすい問題は，別に単元を設けています。こちらも「理解」→「練習」と段階をふんでいますので，重点的に学習することができます。

もくじ

編集協力／有限会社 編集室ビーライン　　校正／内木雅野・株式会社 東京出版サービスセンター　　装丁デザイン／株式会社 しろいろ
装丁イラスト／山内和朗　　シールイラスト／北田哲也　　本文デザイン／ハイ制作室 若林千秋　　本文イラスト／西村博子

1 かずの いみと あらわしかた
5までの かず ①

りかい

▶▶▶ 答えはべっさつ1ページ

1問20点

点数

点

えの かずだけ すうじを □に かいて,
すうじの かずだけ ○に いろを ぬりましょう。

① りんごの かずを かぞえて すうじを かく。
いち　に　さん
○○○○○
すうじの かずだけ いろを ぬる。

② あめの かずを かぞえて すうじを かく。
いち　に
さん　し
○○○○○
すうじの かずだけ いろを ぬる。

③ くるまの かずを かぞえて すうじを かく。
いち　に
○○○○○
すうじの かずだけ いろを ぬる。

④ さかなの かずを かぞえて すうじを かく。
いち　に　さん
し　ご
○○○○○
すうじの かずだけ いろを ぬる。

⑤ はなの かずを かぞえて すうじを かく。
いち
○○○○○
すうじの かずだけ いろを ぬる。

!おぼえよう!

	●	●●	●●●	●●●●	●●●●●
かきかた	1	2	3	4	5
よみかた	いち	に	さん	し	ご

2 かずの いみと あらわしかた
5までの かず ①

れんしゅう

▶▶▶ 答えはべっさつ1ページ

点数

1問20点

点

えの かずを すうじで □に かいて,
すうじの かずだけ ◯に いろを ぬりましょう。

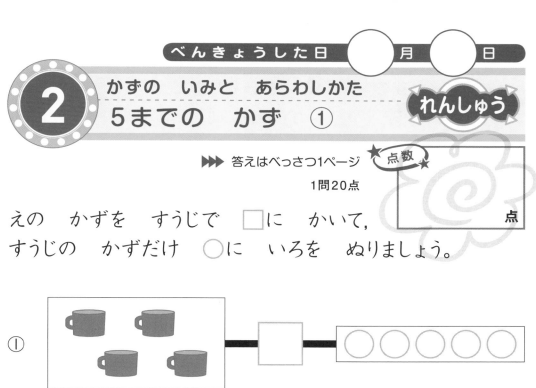

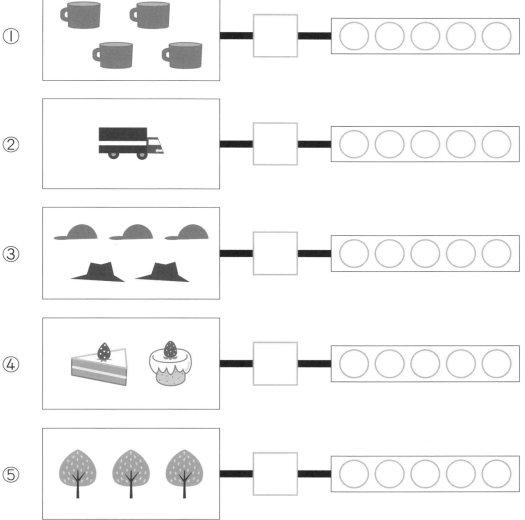

3 かずの いみと あらわしかた
5までの かず ②

りかい

▶▶▶ 答えはべっさつ1ページ

点数

1問20点

点

かずが おなじ ものを, ―― で
つなぎましょう。

ゆびで えを ひとつ ひとつ さし
ながら, こえに だして かぞえる。

いくつ あるか
かぞえたら, その
すうじを さがす。

① 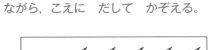 ・ ・ いち ・ ・ 2

② ・ ・ し ・ ・ 4

③  ・ ・ さん ・ ・ 1

④  ・ ・ に ・ ・ 5

⑤  ・ ・ ご ・ ・ 3

かずの　いみと　あらわしかた
5までの　かず　②

れんしゅう

▶▶▶ 答えはべっさつ1ページ

1問20点

点数

点

かずが　おなじ　ものを, <ruby>——<rt>せん</rt></ruby>で
つなぎましょう。

①  ・　・  ・　・ 3

②  ・　・  ・　・ 1

③  ・　・  ・　・ 4

④  ・　・  ・　・ 2

⑤  ・　・  ・　・ 5

5 かずの いみと あらわしかた
10までの かず　①

▶▶▶ 答えはべっさつ2ページ

点数

1問20点

点

えの かずだけ すうじを □に かいて,
すうじの かずだけ ○に いろを ぬりましょう。

① めろんの かずを かぞえて すうじを かく。
いち　に　さん　し　ご　ろく
すうじの かずだけ いろを ぬる。

② せみの かずを かぞえて すうじを かく。
いち　に　さん　し
ご　ろく　しち　はち
すうじの かずだけ いろを ぬる。

③ ぼうしの かずを かぞえて すうじを かく。
いち　に　さん　し
ご　ろく　しち
すうじの かずだけ いろを ぬる。

④ ぼうるの かずを かぞえて すうじを かく。
いち　に　さん　し　ご
ろく　しち　はち　く　じゅう
すうじの かずだけ いろを ぬる。

⑤ こっぷの かずを かぞえて すうじを かく。
いち　に　さん　し　ご
ろく　しち　はち　く
すうじの かずだけ いろを ぬる。

！おぼえよう！

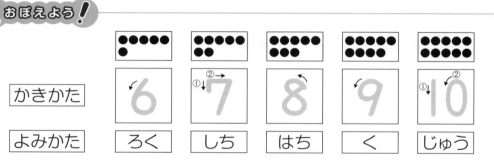

かきかた	6	7	8	9	10
よみかた	ろく	しち	はち	く	じゅう

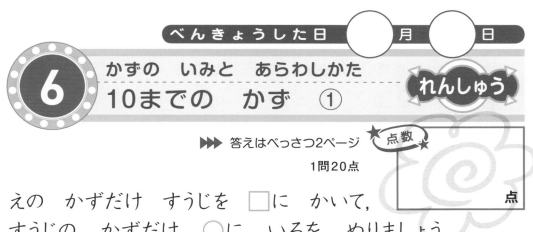

6 かずの　いみと　あらわしかた
10までの　かず　①

れんしゅう

▶▶▶ 答えはべっさつ2ページ

1問20点

点数

点

えの　かずだけ　すうじを　□に　かいて，
すうじの　かずだけ　○に　いろを　ぬりましょう。

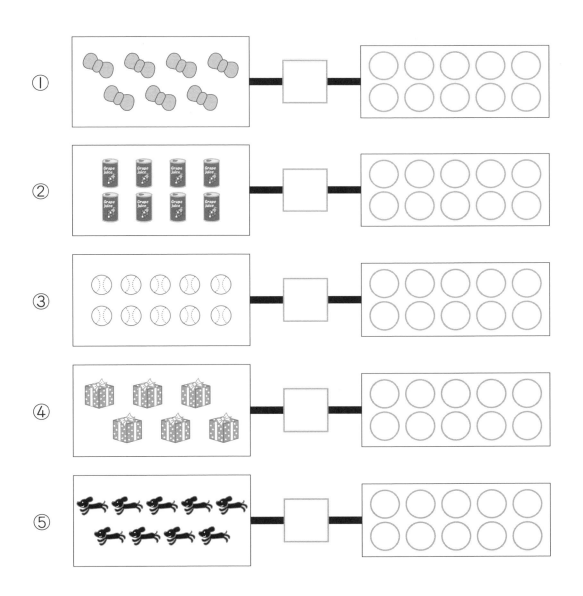

7 かずの　いみと　あらわしかた
10までの　かず　②

りかい

▶▶▶ 答えはべっさつ2ページ

1問20点

点数　　点

かずが　おなじ　ものを，──で
つなぎましょう。

ゆびで　えを　ひとつひとつ　さしながら，
こえに　だして　かぞえる。

いくつ　あるか
かぞえたら　その
かずを　さがす。

①　　　　　　　　　　　　　　・　　　・はち・　　　・ 7

②　　　　　　　　　　　　　　・　　　・ろく・　　　・ 10

③　　　　　　　　　　　　　　・　　　・じゅう・　　　・ 6

④　　　　　　　　　　　　　　・　　　・しち・　　　・ 9

⑤　　　　　　　　　　　　　　・　　　・く・　　　・ 8

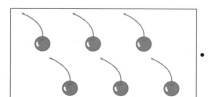

8

かずの　いみと　あらわしかた

10までの　かず　②

れんしゅう

▶▶▶ 答えはべっさつ2ページ

1問20点

点数

点

かずが　おなじ　ものを，<ruby>――<rt>せん</rt></ruby>で
つなぎましょう。

① 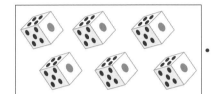 ・ ・しち・ ・9

② 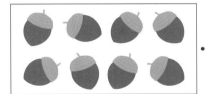 ・ ・く・ ・7

③  ・ ・ろく・ ・8

④ 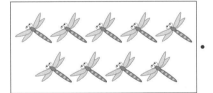 ・ ・じゅう・ ・10

⑤  ・ ・はち・ ・6

9 かずの　いみと　あらわしかた
10までの　かず　②

 れんしゅう

▶▶▶ 答えはべっさつ2ページ

1問10点

点数

点

とらんぷの　すうじの　ところが　まるい
しいるで　かくれて　います。すうじの　かずを　□　に　かきましょう。

①

②

③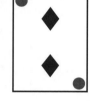

④

⑤

⑥

⑦

⑧

⑨

⑩

10 ★

かずの　いみと　あらわしかたの　まとめ

6ぴき　さがそう

▶▶▶ 答えはべっさつ2ページ

ちょうど 6ぴき いる どうぶつを さがそう。

こたえ

11 かずの　いみと　あらわしかた
かずの　おおきさくらべ ①

りかい

▶▶▶ 答えはべっさつ3ページ

1問25点

点数

点

かずが　おおい　ほうの　（　）に　○を
かきましょう。

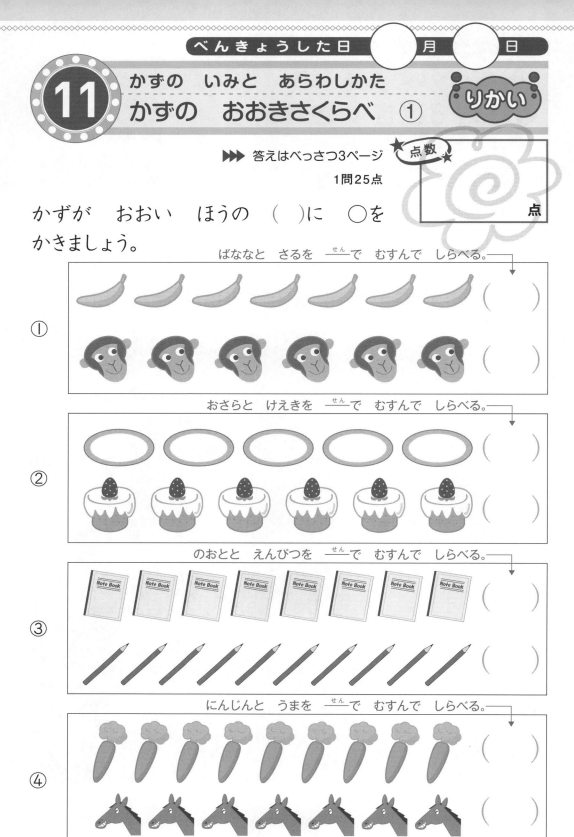

ばななと　さるを　^{せん}で　むすんで　しらべる。

① （　）　　（　）

おさらと　けえきを　^{せん}で　むすんで　しらべる。

② （　）　　（　）

のおとと　えんぴつを　^{せん}で　むすんで　しらべる。

③ （　）　　（　）

にんじんと　うまを　^{せん}で　むすんで　しらべる。

④ （　）　　（　）

12 かずの　いみと　あらわしかた
かずの　おおきさくらべ　① れんしゅう

▶▶▶ 答えはべっさつ3ページ

1問25点

点数

点

かずが　おおい　ほうの　（　）に　◯を
かきましょう。

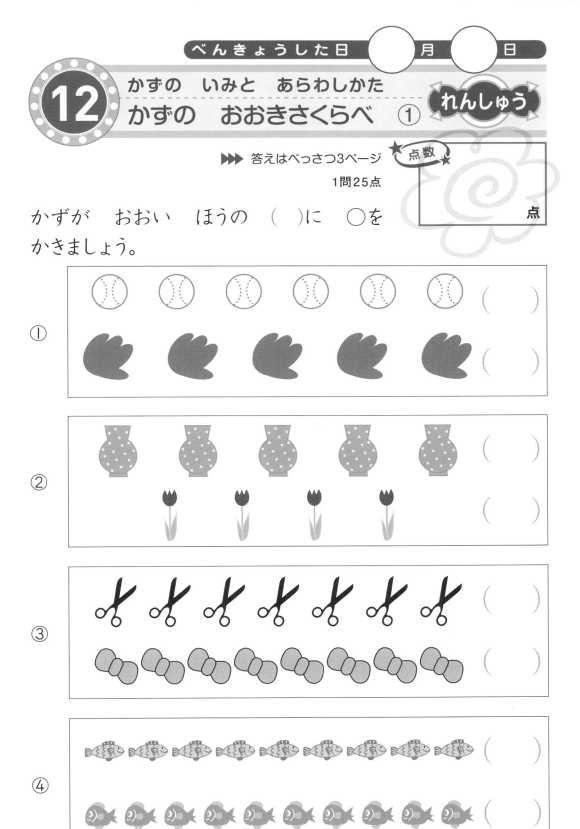

13 かずの　いみと　あらわしかた
かずの　おおきさくらべ　②

りかい

▶▶▶ 答えはべっさつ3ページ

1問25点

点数

点

かずが　おおい　ほうの　（　）に　○を
かきましょう。

①
●●●●●

●の　かずを　すうじで　かいて
くらべる。

6

（　　　）　　　　　（　　　）

②
●●●●●
●●●●

●の　かずを　すうじで　かいて
くらべる。

8

（　　　）　　　　　（　　　）

③
●●●●●
●●

●の　かずを　すうじで　かいて
くらべる。

9

（　　　）　　　　　（　　　）

④
●●●●●
●●●●

●の　かずを　すうじで　かいて
くらべる。

10

（　　　）　　　　　（　　　）

かずの　いみと　あらわしかた
かずの　おおきさくらべ　②　

▶▶▶ 答えはべっさつ3ページ
1問25点

点数

点

かずが　おおい　ほうの　（ ）に　◯を
かきましょう。

① ● ● ● ● ●　●　●　| 5

（　　　）　　　　　（　　　）

② ● ● ● ● ●　● ● ● ●　| 7

（　　　）　　　　　（　　　）

③ ● ● ● ● ●　● ● ●　| 10

（　　　）　　　　　（　　　）

④ ● ● ● ● ●　●　| 8

（　　　）　　　　　（　　　）

15 かずの いみと あらわしかた
かずの おおきさくらべ ③

 りかい

▶▶▶ 答えはべっさつ4ページ

1問10点

★点数★

点

かずが おおい ほうの （ ）に ◯を
かきましょう。

① 　5　　 3
（　　） （　　）← ごと さん
　　　　　　 しと はち→

② 　4　　 8
（　　） （　　）

③ 　9　　 7
（　　） （　　）← くと しち
　　　　　　 しちと じゅう→

④ 　7　　 10
（　　） （　　）

⑤ 　6　　 5
（　　） （　　）← ろくと ご
　　　　　　 にと し→

⑥ 　2　　 4
（　　） （　　）

⑦ 　3　　 4
（　　） （　　）← さんと し
　　　　　　 はちと ろく→

⑧ 　8　　 6
（　　） （　　）

⑨ 　10　　 9
（　　） （　　）← じゅうと く
　　　　　　 ごと しち→

⑩ 　5　　 7
（　　） （　　）

かずの　いみと　あらわしかた
かずの　おおきさくらべ　③

▶▶▶ 答えはべっさつ4ページ

1問10点

点数

点

かずが　おおい　ほうの　（　）に　◯を
かきましょう。

① | 1 | 3 |
（　）　（　）

② | 4 | 5 |
（　）　（　）

③ | 6 | 9 |
（　）　（　）

④ | 2 | 4 |
（　）　（　）

⑤ | 9 | 8 |
（　）　（　）

⑥ | 7 | 6 |
（　）　（　）

⑦ | 3 | 2 |
（　）　（　）

⑧ | 10 | 8 |
（　）　（　）

⑨ | 8 | 10 |
（　）　（　）

⑩ | 5 | 9 |
（　）　（　）

17 かずの　いみと　あらわしかた
かずの　おおきさくらべ ④

 りかい

▶▶▶ 答えはべっさつ4ページ

点数 | 点

1 ①・②：1問10点　③：20点　**2**：1問20点

1 □に　あう　かずを　かきましょう。

① ┌2より1おおきい かず┐　　　　┌4より1おおきい かず┐
　 2 — [　] — **4** — **5**

② ┌4より1おおきい かず┐┌5より1おおきい かず┐
　 4 — **5** — [　] — **7**

③ ┌8より1ちいさい かず┐　　　┌9より1おおきい かず┐
　 [　] — **8** — **9** — [　]

2 ふくろの　なかの　あめの　かずを　かきましょう。

①

[　]
└あめの
　かずを
　かぞえる。

②

[　]
└あめの
　かずを
　かぞえる。

③

[　]
└ひとつも
　ないから
　れい。

18 かずの　いみと　あらわしかた
かずの　おおきさくらべ ④
れんしゅう

▶▶▶ 答えはべっさつ4ページ

点数

1：1問10点　2：1問20点

点

1 □に　あう　かずを　かきましょう。

① 3 ― 4 ― □ ― 6

② 7 ― □ ― 9 ― 10

③ 5 ― □ ― 3 ― 2

④ □ ― 7 ― 6 ― 5

2 りんごの　かずを　かきましょう。

①　　　　　②　　　　　③

□　　　　　□　　　　　□

かずの いみと あらわしかた
なんばんめ ①

▶▶▶ 答えはべっさつ4ページ

1問25点

点数

点

つぎの くるまに いろを ぬりましょう。

① まえから 3だい

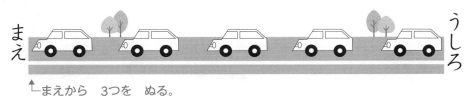

まえ　　　　　　　　　　　　　　　　うしろ

└まえから 3つを ぬる。

② まえから 3だいめ

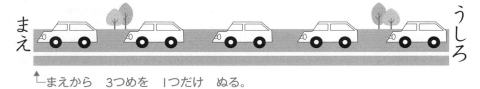

まえ　　　　　　　　　　　　　　　　うしろ

└まえから 3つめを 1つだけ ぬる。

③ うしろから 2だい

まえ　　　　　　　　　　　　　　　　うしろ

うしろから 2つを ぬる。┘

④ うしろから 2だいめ

まえ　　　　　　　　　　　　　　　　うしろ

うしろから 2つめを 1つだけ ぬる。┘

20 かずの　いみと　あらわしかた
なんばんめ　①

れんしゅう

▶▶▶ 答えはべっさつ4ページ

⭐点数⭐

1問25点

点

つぎの　ひとを　まるで　かこみましょう。

① まえから　4にんめ

まえ　　　　　　　　　　　うしろ

② まえから　4にん

まえ　　　　　　　　　　　うしろ

③ うしろから　6にんめ

まえ　　　　　　　　　　　うしろ

④ うしろから　6にん

まえ　　　　　　　　　　　うしろ

べんきょうした日　　月　　日

21 かずの　いみと　あらわしかた
なんばんめ　②

りかい

▶▶▶ 答えはべっさつ5ページ

1問25点

点数

点

1 したの　えを　みて　こたえましょう。

きりん　　りす　うさぎ　とり　　かめ　　さる　　くま

ひだり　　　　　　　　　　　　　　　　　　　　　　　みぎ

① ひだりから　**2ひきは**　なんですか。

ひだりから　1，2と　かぞえて　2つを　こたえる。

② みぎから　**4ひきめは**　なんですか。

みぎから　1，2，3，4と
かぞえて　1つだけ　こたえる。→

2 みぎの　えを　みて　こたえましょう。

① うえから　**3つは**　なんですか。

うえから　1，2，3と　かぞえて　3つを　こたえる。

② したから　**5つめは**　なんですか。

したから　1，2，3，4，5と　かぞえて　1つだけ　こたえる。

りんご

もも

いちご

ぱいなつ
ぷる

すいか

22 かずの　いみと　あらわしかた
なんばんめ　②

れんしゅう

▶▶▶ 答えはべっさつ5ページ

1問25点

点数

点

1 したの　えを　みて　こたえましょう。

ひだり　さとし　みちお　かおり　ゆみ　たけし　みさき　みぎ

① 　ひだりから　4にんめは　だれですか。

② 　みぎから　3にんは　だれですか。

2 みぎの　えを　みて　こたえましょう。

① 　うえから　3つめは　なんですか。

② 　したから　2つは　なんですか。

りす

ぞう

ひつじ

うし

きりん

23 かずの　いみと　あらわしかた
なんばんめ　②

▶▶▶ 答えはべっさつ5ページ
点数
1問20点

点

したの　えを　みて　こたえましょう。

う
し
ろ

ま
え

みき　　たかし　　さおり　　ひろし　　ゆき　　かずお
（　）　（　）　（　）　（　）　（　）　（　）

① さおりさんは　まえから　なんにんめですか。

□にんめ

② かずおさんは　うしろから　なんにんめですか。

□にんめ

③ ゆきさんは　うしろから　なんにんめですか。

□にんめ

④ ひろしさんは　まえから　なんにんめですか。

□にんめ

⑤ まえから　4にんの　（　）に　○を　かきましょう。

24

かずの　いみと　あらわしかたの　まとめ
おみやげは　なあに

▶▶▶ 答えはべっさつ5ページ

> ともだちが おみやげを 2つ もって きました。
> なにを もって きたのかな。

ひだり | や | た | あ | い | き | し | みぎ

うえ
に
す
て
う
ら
か
した

こたえ □

ひだりから
2ばんめ

こたえ □
ひだりから
2ばんめ
みぎから
3ばんめ

こたえ □

みぎから
6ばんめ

こたえ □

ひだりから
5ばんめ

うえから
6ばんめ

こたえ □

うえから
2ばんめ

こたえ □

したから
4ばんめ
こたえ □

したから
2ばんめ

こたえ □

25 かずの いみと あらわしかた
いくつと いくつ ①

 りかい

▶▶▶ 答えはべっさつ5ページ

1：1問11点　**2**・**3**：1問13点

点数 | 点

1 あと いくつで 5に なりますか。

① 　←5こに なるように
　　　　　○を かいて かぞえる。　あと □

② 　←5こに なるように
　　　　○を かいて かぞえる。　あと □

2 あと いくつで 6に なりますか。

① 　←6こに なるように
　　　　○を かいて かぞえる。　あと □

② 　←6こに なるように
　　　　○を かいて かぞえる。　あと □

③ 　←6こに なるように
　　　　○を かいて かぞえる。　あと □

3 あと いくつで 7に なりますか。

① 　←7こに なるように
　　　　○を かいて かぞえる。　あと □

② 　←7こに なるように
　　　　○を かいて かぞえる。　あと □

③ 　←7こに なるように
　　　　○を かいて かぞえる。　あと □

26 いくつと　いくつ　①

かずの　いみと　あらわしかた

▶▶▶ 答えはべっさつ5ページ

点数

1：1問11点　　**2**・**3**：1問13点

点

1 あと　いくつで　5に　なりますか。

① 🍌🍌◯◯◯　　　　　　　　あと ☐

② 🍌🍌🍌🍌　　　　　　　　あと ☐

2 あと　いくつで　6に　なりますか。

① 🍌　　　　　　　　　　　　あと ☐

② 🍌🍌🍌　　　　　　　　　　あと ☐

③ 🍌🍌　　　　　　　　　　　あと ☐

3 あと　いくつで　7に　なりますか。

① 🍌🍌🍌🍌🍌　　　　　　　　あと ☐

② 🍌　　　　　　　　　　　　あと ☐

③ 🍌🍌🍌🍌　　　　　　　　　あと ☐

べんきょうした日　◯月　◯日

27 いくつと　いくつ　②

　りかい

▶▶▶ 答えはべっさつ6ページ　★点数★

1：1問4点　**2**：1問6点　**3**：1問9点

1 5は　いくつと　いくつですか。

① | 1 | と | | ←したの ●で 1を かくす。 ② | 3 | と | | ←したの ●で 3を かくす。

③ | 2 | と | | ←したの ●で 2を かくす。 ④ | 4 | と | | ←したの ●で 4を かくす。

2 6は　いくつと　いくつですか。

① | 2 | と | | ←したの ●で 2を かくす。 ② | 5 | と | | ←したの ●で 5を かくす。

③ | 4 | と | | ←したの ●で 4を かくす。 ④ | 3 | と | | ←したの ●で 3を かくす。

⑤ | 1 | と | | ←したの ●で 1を かくす。

3 7は　いくつと　いくつですか。

① | 5 | と | | ←したの ●で 5を かくす。 ② | 2 | と | | ←したの ●で 2を かくす。

③ | 6 | と | | ←したの ●で 6を かくす。 ④ | 4 | と | | ←したの ●で 4を かくす。

⑤ | 3 | と | | ←したの ●で 3を かくす。 ⑥ | 1 | と | | ←したの ●で 1を かくす。

べんきょうした日　　月　　日

かずの　いみと　あらわしかた
いくつと　いくつ　②

れんしゅう

▶▶▶　答えはべっさつ6ページ　点数

①：1問4点　②：1問6点　③：1問9点

点

① ——^{せん}で　つないで　5を　つくりましょう。

| 2 | 1 | 3 | 4 |

| 1 | 3 | 4 | 2 |

② ——^{せん}で　つないで　6を　つくりましょう。

| 3 | 1 | 4 | 2 | 5 |

| 4 | 5 | 1 | 2 | 3 |

③ ——^{せん}で　つないで　7を　つくりましょう。

| 1 | 4 | 3 | 6 | 5 | 2 |

| 5 | 3 | 4 | 6 | 1 | 2 |

29

かずの いみと あらわしかた
いくつと いくつ ③

▶▶▶ 答えはべっさつ6ページ ★点数★

1問10点

点

1 あと いくつで 8に なりますか。

┌8に なるように ○を かいて かぞえる。

① あと ☐

┌8に なるように ○を かいて かぞえる。

② あと ☐

┌8に なるように ○を かいて かぞえる。

③ あと ☐

2 あと いくつで 9に なりますか。

┌9に なるように ○を かいて かぞえる。

① あと ☐

┌9に なるように ○を かいて かぞえる。

② あと ☐

┌9に なるように ○を かいて かぞえる。

③ あと ☐

3 あと いくつで 10に なりますか。

┌10に なるように ○を かいて かぞえる。

① あと ☐

┌10に なるように ○を かいて かぞえる。

② あと ☐

┌10に なるように ○を かいて かぞえる。

③ あと ☐

┌10に なるように ○を かいて かぞえる。

④ あと ☐

30 かずの　いみと　あらわしかた
いくつと　いくつ　③

れんしゅう

▶▶▶ 答えはべっさつ6ページ

点数

1問10点

点

1 あと　いくつで　8に　なりますか。

① あと

② あと

③ あと

2 あと　いくつで　9に　なりますか。

① あと

② あと

③ あと

3 あと　いくつで　10に　なりますか。

① あと

② あと

③ あと

④ あと

31 かずの　いみと　あらわしかた
いくつと　いくつ　④

りかい

▶▶▶ 答えはべっさつ6ページ　★点数

1：1問4点　**2**：1問6点　**3**：1問9点

1 8は　いくつと　いくつですか。

① 5 と ☐　←したの　●で　5を　かくす。

② 2 と ☐　←したの　●で　2を　かくす。

③ 4 と ☐　←したの　●で　4を　かくす。

④ 7 と ☐　←したの　●で　7を　かくす。

2 9は　いくつと　いくつですか。

① 3 と ☐　←したの　●で　3を　かくす。

② 4 と ☐　←したの　●で　4を　かくす。

③ 7 と ☐　←したの　●で　7を　かくす。

④ 8 と ☐　←したの　●で　8を　かくす。

⑤ 5 と ☐　←したの　●で　5を　かくす。

3 10は　いくつと　いくつですか。

① 2 と ☐

② 5 と ☐

③ 6 と ☐

④ 3 と ☐

⑤ 9 と ☐

⑥ 4 と ☐

32 かずの　いみと　あらわしかた
いくつと　いくつ　④

れんしゅう

▶▶▶ 答えはべっさつ7ページ

点数

①・②：1問6点　③：1問8点

点

① ──せん──で　つないで　8を　つくりましょう。

5	2	4	6	3

4	3	2	5	6

② ──せん──で　つないで　9を　つくりましょう。

3	8	4	2	6

5	7	3	1	6

③ ──せん──で　つないで　10を　つくりましょう。

2	6	5	3	9

5	7	1	8	4

33 かずの　いみと　あらわしかた
いくつと　いくつ　④

▶▶▶ 答えはべっさつ7ページ

★点数★

①〜⑫：1問7点　⑬・⑭：1問8点

点

いくつと　いくつでしょう。□に
あてはまる　かずを　かきましょう。

① 8は □ と 2　　　　② 6は 2と □

③ 5は □ と 4　　　　④ 9は 3と □

⑤ 7は □ と 5　　　　⑥ 10は 8と □

⑦ 6は □ と 3　　　　⑧ 8は 5と □

⑨ 5は □ と 3　　　　⑩ 9は 4と □

⑪ 7は □ と 1　　　　⑫ 10は 6と □

⑬ 6は □ と 0　　　　⑭ 9は 9と □

34

かずの　いみと　あらわしかたの　まとめ

なにを　たべたかな

▶▶▶ 答えはべっさつ7ページ

はじめに　おさらに　おかしが　10こずつ　ありました。
3にんは　それぞれ　なにを　たべたかな。
せんで　つなごう。

3つ　たべたわ。　　　　6つ　たべたよ。　　　　5つ　たべたの。

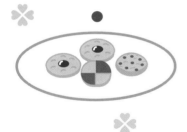　　　　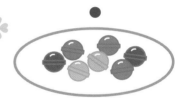

35

かずの　いみと　あらわしかた
10より　おおきい　かず　①

りかい

▶▶▶ 答えはべっさつ7ページ

 点数

1問25点

点

□に　かずを　すうじで　かきましょう。

①

10ぴきを　せんで　かこんで　10と　いくつか　かぞえる。→

②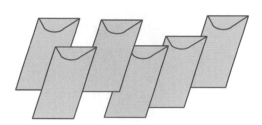

10まいと　6まいで→

③

2, 4, 6, …と　2つとびで　かぞえる。→

④

5, 10, 15と　かぞえて　あと　3つ。→

36 かずの いみと あらわしかた
10より おおきい かず ①

 れんしゅう

▶▶▶ 答えはべっさつ8ページ

1問25点

点数

点

□に かずを すうじで かきましょう。

①

②

10

③ はなの かず

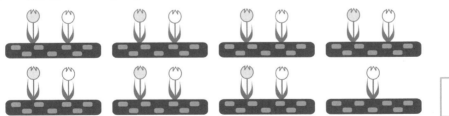

④ おはじきの かず

37 かずの　いみと　あらわしかた
10より　おおきい　かず　②

りかい

▶▶▶ 答えはべっさつ8ページ　★点数★

1：1問12点　**2**：1問10点

点

1 □に　あてはまる　かずを　かきましょう。

① 一のくらいの　かず
十のくらいの　かず
10と　2で

② 一のくらいの　かず
十のくらいの　かず
10と　5で

③ 一のくらいの　かず
十のくらいの　かず
10と　7で

④ 一のくらいの　かず
十のくらいの　かず
10と　9で

⑤ 10と　10で, 10が □こだから,
一のくらいの　かず
十のくらいの　かず

2 □に　あてはまる　かずを　かきましょう。

① じゅう　いち
11は □と　1

② 一のくらいの　かず
14は　10と □

③ じゅう　はち
18は □と　8

④ 一のくらいの　かず
16は　10と □

!おぼえよう!

10　と　3　で　**13**　と　かき,
十のくらい　一のくらい

「じゅうさん」と　よみます。

38　かずの　いみと　あらわしかた
10より　おおきい　かず　②　れんしゅう

▶▶▶ 答えはべっさつ8ページ

点数

1問10点

点

1 □に　あてはまる　かずを　かきましょう。

① 10と　4で ☐　　② 10と　8で ☐

③ 10と　6で ☐　　④ 10と　1で ☐

⑤ 10と　3で ☐

2 □に　あてはまる　かずを　かきましょう。

① 15は　10と ☐　　② 19は ☐ と　9

③ 12は　10と ☐　　④ 20は ☐ と　10

⑤ 17は　10と ☐

39 かずの　いみと　あらわしかた
10より　おおきい　かず　③

りかい

▶▶▶ 答えはべっさつ8ページ

点数

1：1問10点　2：1問20点

点

したの　かずのせんを　つかって
かんがえましょう。

1 おおきい　ほうの　かずに　○を　つけましょう。

①
| 11 | 8 |

( )　　( )

↑10より　　↑10より
おおきい。　　ちいさい。

②
| 12 | 15 |

( )　　( )

↑　　　↑──一のくらいで
　　　　　　くらべる。

③
| 9 | 14 |

( )　　( )

↑10より　　↑10より
ちいさい。　　おおきい。

④
| 20 | 19 |

( )　　( )

↑　　　↑──十のくらいで
　　　　　　くらべる。

0 1 2 3 4 5 6 7 8 9 10 11 12 13 14 15 16 17 18 19 20

2 つぎの　かずを　□に　かきましょう。

① 12より　2　おおきい　かず

12より　みぎへ　2つ
すすんだ　かず。

0 1 2 3 4 5 6 7 8 9 10 11 **12** 13 14 15 16 17 18 19 20

② 15より　4　ちいさい　かず

15より　ひだりへ　4つ
すすんだ　かず。

0 1 2 3 4 5 6 7 8 9 10 11 12 13 14 **15** 16 17 18 19 20

③ 8より　5　おおきい　かず

8より　みぎへ　5つ
すすんだ　かず。

0 1 2 3 4 5 6 7 **8** 9 10 11 12 13 14 15 16 17 18 19 20

40 かずの　いみと　あらわしかた
10より　おおきい　かず　③

れんしゅう

▶▶▶ 答えはべっさつ8ページ

点数

1：1問10点　**2**：1問15点

点

したの　かずのせんを　つかって
かんがえましょう。

1 おおきい　ほうの　かずに　◯を　つけましょう。

① | 17 | | 14 |
（　）　　（　）

② | 9 | | 12 |
（　）　　（　）

③ | 18 | | 13 |
（　）　　（　）

④ | 11 | | 15 |
（　）　　（　）

0 1 2 3 4 5 6 7 8 9 10 11 12 13 14 15 16 17 18 19 20

2 つぎの　かずを　□に　かきましょう。

① 16より　3　ちいさい　かず

0 1 2 3 4 5 6 7 8 9 10 11 12 13 14 15 ⑯ 17 18 19 20

② 14より　6　おおきい　かず

0 1 2 3 4 5 6 7 8 9 10 11 12 13 ⑭ 15 16 17 18 19 20

③ 12より　5　ちいさい　かず

0 1 2 3 4 5 6 7 8 9 10 11 ⑫ 13 14 15 16 17 18 19 20

④ 11より　8　おおきい　かず

0 1 2 3 4 5 6 7 8 9 10 ⑪ 12 13 14 15 16 17 18 19 20

41 かずの　いみと　あらわしかた
10より　おおきい　かず　④

りかい

▶▶▶ 答えはべっさつ8ページ

点数

①〜④：1問13点　⑤〜⑦：1問16点

点

かずを　ならべました。□に　あてはまる
かずを　かきましょう。

① ─ 13 ─ ┌ちいさい　じゅんに　ならんで　いる。□ ─ 15 ─

② ─ ┌おおきい　じゅんに　ならんで　いる。□ ─ 18 ─ 17 ─

③ ─ 14 ─ ┌おおきい　じゅんに　ならんで　いる。□ ─ 12 ─

④ ─ 16 ─ 18 ─ ┌2ずつ　おおきく　なる。□ ─

⑤ ─ 12 ─ 14 ─ ┌2ずつ　おおきく　なる。□ ─ ┌14より　4　おおきい。□ ─

⑥ ─ 11 ─ 13 ─ □ ─ ┌13より　2　おおきい。17 ─ ┌17より　2　おおきい。□ ─

⑦ ─ 20 ─ 18 ─ □ ─ ┌18より　2　ちいさい。14 ─ ┌14より　2　ちいさい。□ ─

42 かずの いみと あらわしかた
10より おおきい かず ④ れんしゅう

▶▶▶ 答えはべっさつ9ページ

点数

①〜④：1問13点　⑤〜⑦：1問16点

点

かずを ならべました。□に あてはまる
かずを かきましょう。

① — ☐ — | 11 | — | 12 | —

② — | 16 | — ☐ — | 14 | —

③ — | 8 | — ☐ — | 12 | — | 14 | —

④ — ☐ — | 16 | — | 14 | — | 12 | —

⑤ — | 12 | — ☐ — | 14 | — ☐ —

⑥ — | 18 | — ☐ — ☐ — | 15 | —

⑦ — ☐ — | 10 | — | 15 | — ☐ —

43

かずの いみと あらわしかた
10より おおきい かず ④

れんしゅう

▶▶▶ 答えはべっさつ9ページ

点数

①〜④：1問13点　　⑤〜⑦：1問16点

点

かずを ならべました。□に あてはまる
かずを かきましょう。

① — | 10 | — | | — | 12 | — | | —

② — | 19 | — | | — | | — | 16 | —

③ — | 14 | — | 16 | — | | — | | —

④ — | 17 | — | | — | 13 | — | 11 | — | | —

⑤ — | | — | 18 | — | 16 | — | | —

⑥ — | 11 | — | | — | | — | 14 | — | | —

⑦ — | 20 | — | | — | 16 | — | 14 | — | | —

かずの　いみと　あらわしかたの　まとめ

44 なにが　いるのかな

▶▶▶ 答えはべっさつ9ページ

1から　20まで，じゅんに　●を　つなごう。
なにかが　かくれて　いるよ。

45 とけい
なんじ　なんじはん

▶▶▶ 答えはべっさつ9ページ 点数

1問20点

点

1 なんじですか。

①

☐ じ　←── みじかい　はりが　さして　いる　かずを　よむ。

②

☐ じはん　←── 4じより　まえ。

2 12じはんの　とけいは　どちらですか。

あ

い

12じはんは
12じと　1じの
まん中。

↓

☐

3 ながい　はりを　かきましょう。

① 10じ　←── ちょうど　○じでは,　ながい　はりは　12を　さす。

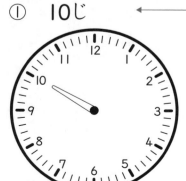

② 1じはん　←── ○じはんでは,　ながい　はりは　6を　さす。

46 とけい
なんじ　なんじはん

▶▶▶ 答えはべっさつ9ページ

点数

1問20点

点

1 なんじですか。

①

②

　　　　じ 　　　　　　　　　　じはん

2 6じはんの　とけいは　どちらですか。

あ

い

3 ながい　はりを　かきましょう。

①　2じ

②　8じはん

47 ずで　かずを　しらべる
ずで　かずを　せいりする

　りかい

▶▶▶ 答えはべっさつ10ページ

1問25点

点数

点

えを　みて　こたえましょう。

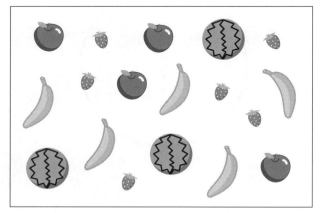

○	○	○	○
○	○	○	○
○	○	○	○
○	○	○	○
○	○	○	○
●	○	○	○
りんご	いちご	ばなな	すいか

① くだものの　かずだけ　○に
いろを　ぬりましょう。

えに　しるしを
つけながら
かぞえる。→

② いちばん　おおい　くだものは
なんですか。

いろを　ぬった　○が
いちばん　たかくまで
ある　くだもの。→

③ いちばん　すくない　くだものは
なんですか。

いろを　ぬった　○の　たかさが
いちばん　ひくい　くだもの。→

④ くだものの　かずを　かきましょう。

りんご	いちご	ばなな	すいか
こ	こ	こ	こ

←いろを　ぬった　○の
かずを　かぞえる。

48　ずで　かずを　しらべる
ずで　かずを　せいりする　

▶▶▶ 答えはべっさつ10ページ

1問25点

点数

点

えを　みて　こたえましょう。

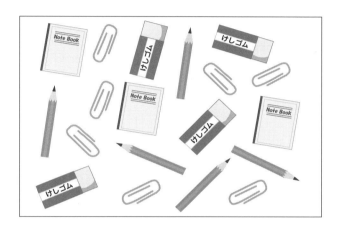

の お と	く り っ ぷ	え ん ぴ つ	け し ご む

① ぶんぼうぐの　かずだけ　◯に
　いろを　ぬりましょう。

② いちばん　おおい　ぶんぼうぐは
　なんですか。

③ いちばん　すくない　ぶんぼうぐは
　なんですか。

④ ぶんぼうぐの　かずを　かきましょう。

のおと	くりっぷ	えんぴつ	けしごむ
こ	こ	ほん	こ

な",さや　かさ
ながさくらべ

▶▶▶ 答えはべっさつ10ページ

1：1問20点　**2**：1問10点

点数

点

1 ながいのは　あ，いの　どちらですか。

①
あ
い
← ひだりが　そろえて　あるので，
みぎへ　いくほど　ながい。

②
あ
い
← あを　のばしたら　どう　なるか
かんがえる。

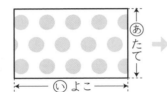

③
← たてと　よこの　ながさは
おりかさねる
ことで　くらべられる。

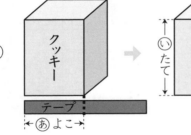

④
← テープに　つけた　しるしまでの
ながさで　くらべられる。

2 いちばん　ながい　りぼんは　あ，い，うの
どれですか。また，その　ながさは，ますの
いくつぶんですか。

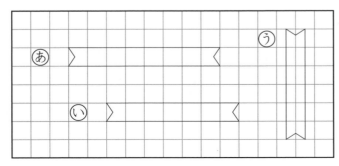

← それぞれ　ますの
いくつぶんの　ながさか
かぞえる。

ながい
りぼん

つぶん

50 ながさや　かさ
ながさくらべ

▶▶▶ 答えはべっさつ10ページ

点数

1：1問20点　　2：1問10点

点

1 ながいのは　あ，いの　どちらですか。

① あ　い

② あ　い

③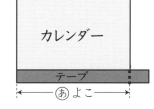
あ たて
い よこ

④ カレンダー → カレンダー
テープ
あ よこ
い たて
テープ

2 いちばん　ながい　りぼんは　あ，い，うの　どれですか。また，その　ながさは，ますの　いくつぶんですか。

あ
い
う

ながい
りぼん

つぶん

51 ながさや　かさ
かさくらべ

▶▶▶ 答えはべっさつ10ページ

①, ②：1問30点　③：40点

★点数★

点

みずが　おおく　はいる　いれものは
ⓐ, ⓘの　どちらですか。

①

みずが　ⓘに
はいりきらなくて　　　→　☐
あふれて　いる。

②

おおきさが　おなじ
いれものなので, みずの　→　☐
たかさで　くらべる。

③

おなじ　おおきさの　こっぷなので　→　☐
こっぷの　かずで　くらべる。

52 ながさや　かさ
かさくらべ

▶▶▶ 答えはべっさつ11ページ

 点数

①，②：1問30点　③：40点

点

みずが　おおく　はいる　いれものは
ぁ，ぃの　どちらですか。

①

②

③

53 いろいろな かたち
かたちの なかまわけ

▶▶▶ 答えはべっさつ11ページ

1, **2**：1問14点　**3**：1問10点

点

1 おなじ かたちを —— せん で つなぎましょう。

あ 　い 　う

・　　　　　・　　　　　・

←　まるい かたち，
つつの かたち，
はこの かたちが
ある。

・　　　　　・　　　　　・

2 **1**の あ, い, う を つぎの **2**つの なかまに わけましょう。

① ころがる かたち

い は よこに して みる。 → 　　　　

② たかく つめる かたち

い は たてに して つかう。 → 　　　　

3 みぎの ずに，**1**の あ, い, う の かたちは いくつ ありますか。

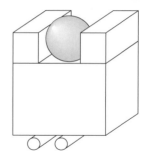

あ 　　　 つ　い 　　　 つ　う 　　　 つ

54 いろいろな　かたち
かたちの　なかまわけ

▶▶▶ 答えはべっさつ11ページ

1, **2**：1問14点　　**3**：1問10点

点数　　　　　　　　　　点

1 おなじ　かたちを　——で
つなぎましょう。

あ 　　　い 　　　う

・　　　　　　　・　　　　　　　・

・　　　　　　　・　　　　　　　・

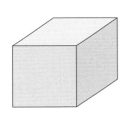　　　　　　

2 **1**の　あ，い，うを　つぎの　2つの　なかまに
わけましょう。

① ころがる　かたち　　　　　　

② たかく　つめる　かたち　　　　

3 みぎの　ずに，**1**の　あ，い，うの
かたちは　いくつ　ありますか。

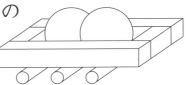

あ ☐ つ　い ☐ つ　う ☐ つ

ひろさ
ひろさくらべ

▶▶▶ 答えはべっさつ11ページ

1問50点

点

1 ひろいのは ⓐ, ⓘの どちらですか。

ⓐ   ⓘ

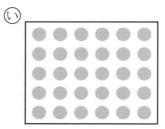

はしを そろえて
かさねて, はみだした
ほうが ひろい。 ——▶

2 けんじさんと さきさんは, じゃんけんで かったら
□を 1つ ぬる, じんとりあそびを しました。
どちらが かちましたか。

それぞれが ぬった ——▶
□の かずを かぞえて
くらべる。

さん

56 ひろさ
ひろさくらべ

れんしゅう

▶▶▶ 答えはべっさつ11ページ

点数

1問50点

点

1 ひろいのは　あ，いの　どちらですか。

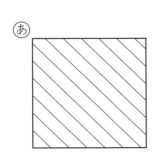

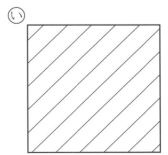

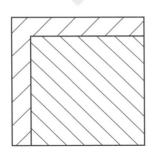

2 ひろきさんと　ゆみさんは，じゃんけんで　かったら
□を　1つ　ぬる，じんとりあそびを　しました。
どちらが　かちましたか。

	ひろき			ゆみ		

さん

57

おおきい　かず
20より　おおきい　かず　①

りかい

▶▶▶ 答えはべっさつ12ページ

点数

1問10点

点

1 あめは　なんこ　ありますか。

10こずつ　かこんで
かぞえる。

にじゅう

10の　まとまりが □ こで □ こ。

ばらが □ こ。あわせて □ こ。 ← にじゅうしち

2 えんぴつは　なんぼん　ありますか。

①

10 10 10 10 10 10

なんじゅう

10の　まとまりが □ こで □ ぽん。

②

10 10 10 10

10の　まとまりが □ こで □ ぽん。

ばらが □ ぽん。あわせて □ ぽん。 ← なんじゅうなに

58

58

おおきい　かず
20より　おおきい　かず　①

れんしゅう

▶▶▶ 答えはべっさつ12ページ

点数

1問10点

点

1 えんぴつは　なんぼん　ありますか。

10の　まとまりが　☐　こで　☐　ぽん。

ばらが　☐　ほん。あわせて　☐　ほん。

2 いろがみは　なんまい　ありますか。

① 10　10　10　10　10

10の　まとまりが　☐　こで　☐　まい。

② 10　10　10　10

10の　まとまりが　☐　こで　☐　まい。

ばらが　☐　まい。あわせて　☐　まい。

59 おおきい かず
20より おおきい かず ②

りかい

▶▶▶ 答えはべっさつ12ページ

点数

1 ：1問10点　2 ：1問20点

点

1 かずを すうじで かきましょう。

①

十のくらい じゅう	一のくらい いち

②

十のくらい	一のくらい

↑
十のくらいの かずは, 10が いくつ あるかを あらわす。なにも ない ときは 0を かく。

2 □に あてはまる かずを かきましょう。

① 64は, 10が ┌─十のくらいの かず─┐ □ こと 1が ┌─一のくらいの かず─┐ □ こ

② 80は, 10が □ こ ←──十のくらいの かず

③ 十のくらいが 3, 一のくらいが 8の かずは
□ ←── さんじゅうと はち

④ 90の 十のくらいの すうじは □ , ┌─10が 9こ

一のくらいの すうじは □ ←── 10が 9こと 1が 0こ

60 おおきい　かず
20より　おおきい　かず　②　れんしゅう

▶▶▶ 答えはべっさつ12ページ

1 ：1問10点　**2** ：1問20点

点数

点

1 かずを　すうじで　かきましょう。

①

十のくらい	一のくらい

②

十のくらい	一のくらい

2 □に　あてはまる　かずを　かきましょう。

① 76は, 10が ☐ ことと　1が ☐ こ

② 90は, 10が ☐ こ

③ 十のくらいが　5,　一のくらいが　3の　かずは
☐

④ 30の　十のくらいの　すうじは ☐ ,

一のくらいの　すうじは ☐

61 おおきい　かず

20より　おおきい　かず　③

 りかい

▶▶▶ 答えはべっさつ12ページ

①～④：1問10点　　⑤～⑨：1問6点

点数

点

したの　かずのせんを　つかって，□に
あてはまる　かずを　しらべましょう。

```
0    10    20    30    40    50    60    70    80    90    100
```

①　**34より　5　おおきい　かずは**　　□
30　　　34　　　　　40

②　**78より　3　ちいさい　かずは**　　□
70　　　　　78　80

③　**56より　7　おおきい　かずは**　　□
55　56　　　60　　　　65

④　**83より　9　ちいさい　かずは**　　□
70　　　　　　80　83

⑤　38 — □ — □ — 41 — 42　←42は　41より　1　おおきい　かず。

⑥　20 — 30 — □ — 50 — □　←30は　20より　10　おおきい　かず。

⑦　63 — 62 — □ — □ — 59　←62は　63より　1　ちいさい　かず。

⑧　15 — 20 — □ — 30 — □　←20は　15より　5　おおきい　かず。

⑨　80 — 75 — □ — 65 — □　←75は　80より　5　ちいさい。
　　　　　　　　　　　　　　　65は　75より　10　ちいさい。

62

おおきい　かず
20より　おおきい　かず　③

れんしゅう

▶▶▶ 答えはべっさつ12ページ

①～④：1問10点　　⑤～⑨：1問6点

点数

点

したの　かずのせんを　つかって，□に
あてはまる　かずを　しらべましょう。

| 0 | 10 | 20 | 30 | 40 | 50 | 60 | 70 | 80 | 90 | 100 |

① 　42より　6　おおきい　かずは 　□

② 　35より　3　ちいさい　かずは 　□

③ 　73より　8　おおきい　かずは 　□

④ 　55より　7　ちいさい　かずは 　□

⑤ 57 — □ — 59 — □ — 61 — 62

⑥ 40 — 50 — □ — □ — 80 — 90

⑦ 71 — □ — □ — 68 — 67 — 66

⑧ 40 — □ — 30 — □ — 20 — 15

⑨ 65 — □ — 75 — 80 — □ — 90

63 おおきい かず
20より おおきい かず ④

▶▶▶ 答えはべっさつ13ページ

①～⑥：1問12点　⑦，⑧：1問14点

点数

点

かずが おおきい ほうに ○を
かきましょう。

十のくらいの かずが おなじなので
一のくらいを くらべる。

① | 35 | 38 |

（　）（　）

一のくらいを くらべる。

② | 54 | 53 |

（　）（　）

十のくらいを くらべる。

③ | 51 | 49 |

（　）（　）

十のくらいを くらべる。

④ | 87 | 78 |

（　）（　）

十のくらいを くらべる。

⑤ | 62 | 72 |

（　）（　）

十のくらいを くらべる。

⑥ | 35 | 45 |

（　）（　）

十のくらいを くらべる。

⑦ | 90 | 89 |

（　）（　）

十のくらいを くらべる。

⑧ | 58 | 60 |

（　）（　）

64

おおきい　かず

20より　おおきい　かず　④

れんしゅう

▶▶▶ 答えはべっさつ13ページ

点数

①〜⑥：1問12点　⑦，⑧：1問14点

点

かずが　おおきい　ほうに　◯を
かきましょう。

① | 64 | 61 |
（　）（　）

② | 83 | 87 |
（　）（　）

③ | 71 | 59 |
（　）（　）

④ | 43 | 34 |
（　）（　）

⑤ | 43 | 53 |
（　）（　）

⑥ | 38 | 58 |
（　）（　）

⑦ | 40 | 38 |
（　）（　）

⑧ | 80 | 91 |
（　）（　）

おおきい　かず

20より　おおきい　かず　④

れんしゅう

▶▶▶　答えはべっさつ13ページ

1：1問13点　**2**：1問16点

点数

点

1 かずが　おおきい　ほうに　◯を
かきましょう。

① | 43 | 45 |

（　　）（　　）

② | 72 | 39 |

（　　）（　　）

③ | 70 | 69 |

（　　）（　　）

④ | 58 | 85 |

（　　）（　　）

2 いちばん　おおきい　かずに　◯をかき，いちばん
ちいさい　かずに　△を　かきましょう。

① | 80 | 59 | 73 |

（　　）（　　）（　　）

② | 67 | 64 | 68 |

（　　）（　　）（　　）

③ | 49 | 53 | 51 |

（　　）（　　）（　　）

おおきい かずの まとめ

66 おまつりだ！

▶▶▶答えはべっさつ13ページ

20から 50まで，じゅんに ●を つなごう。
なにが あらわれるかな。

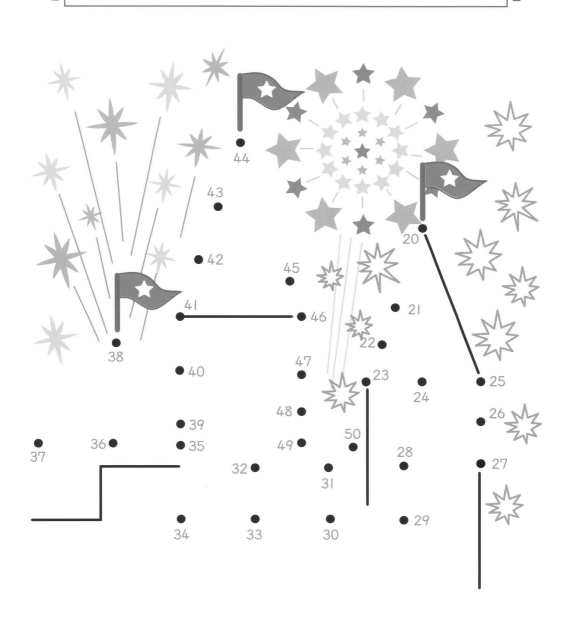

67 おおきい　かず

100より　おおきい　かず

りかい

▶▶▶ 答えはべっさつ13ページ

★ 点数 ★

1：1問20点　**2**：1問10点

点

1 かずを　かぞえましょう。

①

100と　4で　ひゃくよん→ □ ほん

②

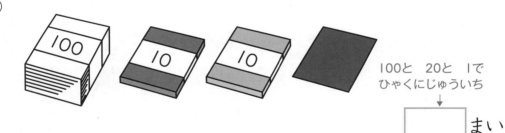

100と　20と　1で
ひゃくにじゅういち
↓
□ まい

2 □に　あてはまる　かずを　かきましょう。

①

| 97 | 98 | | | 101 |

←100と1

└ 1おおきい ↑└ 1おおきい ↑└ 1おおきい ↑└ 1おおきい ↑

②

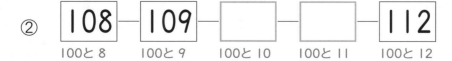

| 108 | 109 | | | 112 |

100と8　100と9　100と10　100と11　100と12

③

| 119 | | 121 | | 123 |

100と19　100と20　100と21　100と22　100と23

68 おおきい　かず
100より　おおきい　かず

▶▶▶ 答えはべっさつ13ページ

 点数

1：1問20点　**2**：1問10点

点

1 かずを　かぞえましょう。

①

☐ ほん

②

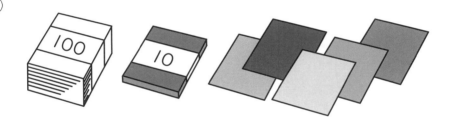

☐ まい

2 ☐に　あてはまる　かずを　かきましょう。

① | 99 | ☐ | 101 | 102 | ☐ |

② | ☐ | 108 | ☐ | 110 | 111 |

③ | ☐ | 118 | 119 | ☐ | 121 |

69 とけい
なんじなんぷん ①

 りかい

▶▶▶ 答えはべっさつ14ページ

点数

1問25点

点

なんじなんぷんですか。

①

ながい はりは
2じから 50めもり
すすんで いる。

☐ じ ☐ ぷん

②

ながい
はりは
6じから
20めもり
すすんで
いる。

☐ じ ☐ ぷん

③

ながい はりは
4じから 35めもり
すすんで いる。

☐ じ ☐ ふん

④

ながい
はりは
10じから
12めもり
すすんで
いる。

☐ じ ☐ ふん

おぼえよう

とけいの めもりは 60
あって, ながい はりは,
1ぷんで 1めもり, 5ふんで
5めもり (すうじの 1つぶん)
すすみます。

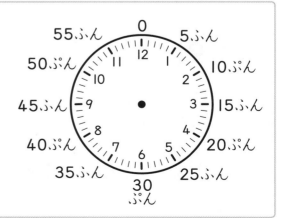

70 とけい
なんじなんぷん ①

▶▶▶ 答えはべっさつ14ページ　点数

①〜④：1問16点　⑤, ⑥：1問18点

点

なんじなんぷんですか。

①

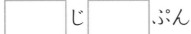

□ じ □ ぷん

②

□ じ □ ふん

③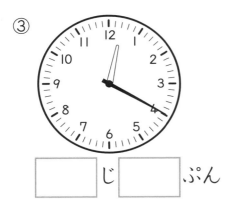

□ じ □ ぷん

④

□ じ □ ふん

⑤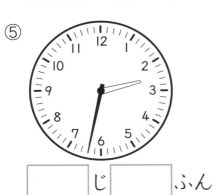

□ じ □ ふん

⑥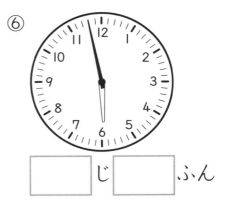

□ じ □ ふん

べんきょうした日　　月　　日

とけい
なんじなんぷん ②

りかい

▶▶▶ 答えはべっさつ14ページ

点数

1問20点

点

1 ──せん── で　つなぎましょう。

① ② ③

・ ・ ・

・ ・ ・

| 4じ9ふん | 4:45 | 9:20 |

↑ ↑ ↑

9ふんは　4じから　9めもり。　　45ふんは　4じから　45めもり。　　20ぷんは　9じから　20めもり。

2 ながい　はりを　かきましょう。

① 5じ10ぷん ② 1じ42ふん

10ぷんは　5じから　10めもり。　　　　42ふんは　1じから　42めもり。

72 とけい
なんじなんぷん ②

れんしゅう

▶▶▶ 答えはべっさつ14ページ

1問20点

点数

点

1 <u>せん</u>で つなぎましょう。

①

②

③

・　　　　　　　　　　・　　　　　　　　　　・

・　　　　　　　　　　・　　　　　　　　　　・

| 11じ50ぷん | 11：25 | 12：10 |

2 ながい はりを かきましょう。

① 10じ22ふん

② 3じ52ふん

73 とけい
なんじなんぷん ②

れんしゅう

▶▶▶ 答えはべっさつ14ページ

1問25点

点数

点

1 つぎの　とけいの　よみかたは
まちがって　います。ただしく　なおしましょう。

①

②

2じ8ふん

□ じ □ ぷん

7じ10ぷん

□ じ □ ぷん

2 ながい　はりを　かきましょう。

① 12じ35ふん

② 7じ9ふん

74

とけいの　まとめ

ぼくの　ゆめは・・・

▶▶▶ 答えはべっさつ15ページ

> ながい はりが さす ところの もじを,
> じゅんに ならべよう。 ぼくの ゆめが わかるよ。

▼この じゅんに ならべよう。

| 50 ぷん | 35 ふん | 20 ぷん | 55 ふん | 40 ぷん | 25 ふん | 10 ぷん | 45 ふん |

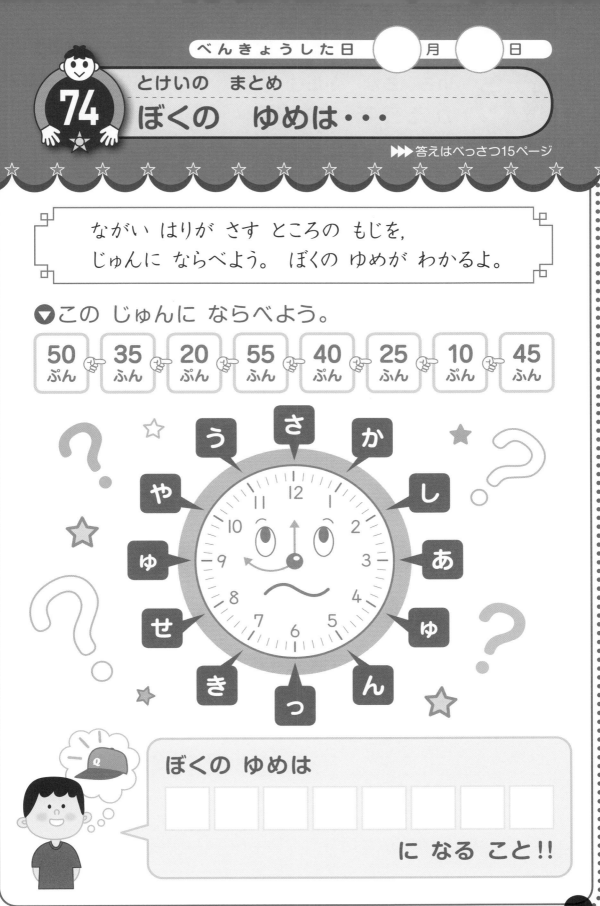

ぼくの ゆめは

| | | | | | | | |

に　なる　こと!!

いろいろな　かたち
かたちを　つくる

▶▶▶ 答えはべっさつ15ページ

1問20点

点

1 つぎの　かたちは，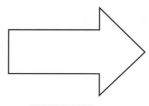を　なんまい　つかって
つくりましたか。

①

②

③

　　　□ まい

　　　□ まい

　　　□ まい

せんを　5ほん　ひくと　おなじ　かたちに　わけられる。　　　　せんを　3ぼん　ひく。

2 てん・と　てん・を　——せんで
つないで，みぎのような
かたちを　かきましょう。

① 　②

①　　　　　　　　　　　　　　　②

　↑ななめの　せんが　はいる。　　　　↑ななめの　せんは　ない。

76 いろいろな　かたち
かたちを　つくる

▶▶▶ 答えはべっさつ15ページ

れんしゅう

点数

1問20点

点

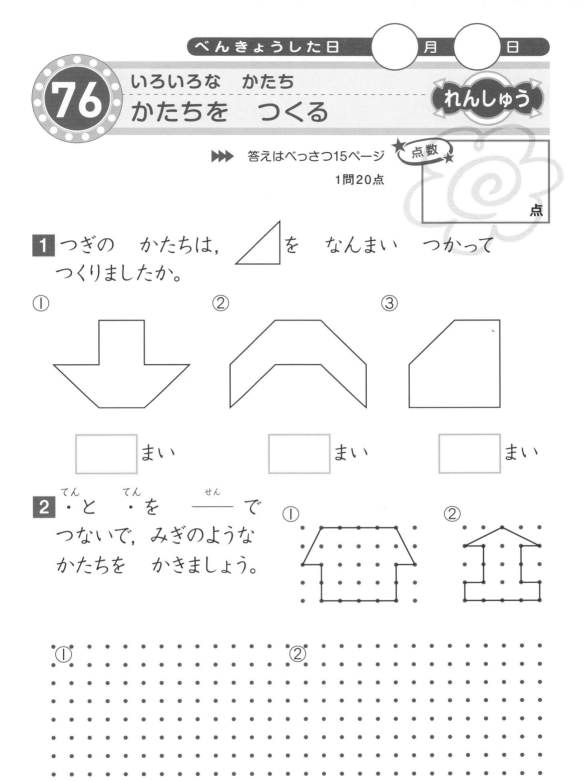

1 つぎの　かたちは、△を　なんまい　つかって
つくりましたか。

① □ まい　　② □ まい　　③ □ まい

2 ・と　・を　――で
つないで、みぎのような
かたちを　かきましょう。

①　②

①　②

77 ばしょの　あらわしかた
ものの　ばしょの　あらわしかた

▶▶▶ 答えはべっさつ15ページ

1：1問20点　2：1問10点

点数

点

したの　くつばこを　みて　こたえましょう。

ゆみ	かずき	ゆうた	さき	たかし	さやか
あきら	さゆり	あゆみ	ひろと	ちひろ	ゆき
まさし	けん	かおり	つよし	えみ	なおと
まき	ともや	みゆき	みほ	まさと	しげる

1 つぎの　ばしょは　だれの　くつばこですか。

① うえから　2ばんめで　みぎから　3ばんめ

　　　　さん　さき↓

　　　　　←■←ゆき

② うえから　4ばんめで　ひだりから　1ばんめ

　　　　さん　いちばん　した
　　　　　の　いちばん
　　　　←ひだり。

③ したから　3ばんめで　みぎから　2ばんめ

　　　■←ゆき
　　　さん↑
　　　まさと

2 あゆみさんの　くつばこの　ばしょは　どこですか。

① うえから　□ばんめで　みぎから　□ばんめ

　　うえに　1つ　ある。　　みぎに　3つ　ある。

② したから　□ばんめで　ひだりから　□ばんめ

　　したに　2つ　ある。　　ひだりに　2つ　ある。

78 ばしょの　あらわしかた
ものの　ばしょの　あらわしかた　れんしゅう

▶▶▶ 答えはべっさつ16ページ

1：1問20点　　2：1問10点

点数 ★　★

点

したの　ぽすとを　みて　こたえましょう。

たなか	いけだ	やまだ	すずき	さとう	あさの
おがわ	つつみ	まつき	のざき	なかの	くろき
ふかだ	ぬまた	かとう	ささき	むとう	ひの
とやま	みずの	やべ	わだ	はやし	うかい

1 つぎの　ばしょは　だれの　ぽすとですか。

① うえから　3ばんめで　ひだりから　2ばんめ

　　　　　　　　　　　さん

② したから　2ばんめで　みぎから　4ばんめ

　　　　　　　　　　　さん

③ ひだりから　5ばんめで　うえから　1ばんめ

　　　　　　　　　　　さん

2 わださんの　ぽすとの　ばしょは　どこですか。

① うえから　□　ばんめで　ひだりから　□　ばんめ

② したから　□　ばんめで　みぎから　□　ばんめ

79 ばしょの あらわしかたの まとめ
サーカスが はじまるよ

▶▶▶ 答えはべっさつ16ページ

> サーカスの はじめに でて くる どうぶつが わかるよ。
> あてはまる ところに いろを ぬろう。

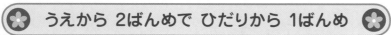 うえから 2ばんめで ひだりから 1ばんめ

 したから 5ばんめで みぎから 2ばんめ

 したから 3ばんめで ひだりから 6ばんめ

 うえから 3ばんめで みぎから 6ばんめ

 したから 2ばんめで みぎから 1ばんめ

うえから 4ばんめで ひだりから 1ばんめ

答えとおうちのかた手引き

① かずの いみと あらわしかた
5までの かず ① 〔りかい〕
▶▶▶ **本冊2ページ**

①3 ●●●○○
②4 ●●●●○
③2 ●●○○○
④5 ●●●●●
⑤1 ●○○○○

ポイント

絵を1つずつ指さしながら，声に出して数をかぞえさせましょう。
声に出しながら，5までの数の書き方を覚えさせましょう。

② かずの いみと あらわしかた
5までの かず ① 〔れんしゅう〕
▶▶▶ **本冊3ページ**

①4 ●●●●○
②1 ●○○○○
③5 ●●●●●
④2 ●●○○○
⑤3 ●●●○○

ポイント

数をかぞえるときは，上の左から，順序よくかぞえさせるようにしましょう。

③ かずの いみと あらわしかた
5までの かず ② 〔りかい〕
▶▶▶ **本冊4ページ**

① ― いち ― 2
② ― し ― 4
③ ― さん ― 1
④ ― に ― 5
⑤ ― ご ― 3

ポイント

絵を1つずつ指さしながら，声に出して数をかぞえさせましょう。
数字の読み方を覚えさせましょう。

④ かずの いみと あらわしかた
5までの かず ② 〔れんしゅう〕
▶▶▶ **本冊5ページ**

① ★★★ ― ●●●●● ― 3
② ◆◆ ― ●● ― 1
③ ◆◆ ― ●●●● ― 4
④ ♥♥♥ ― ● ― 2
⑤ ▲ ― ●●● ― 5

ポイント

絵の数，●の数を，それぞれ数字で書かせてから，
線で結ばせましょう。

1

5 かずの いみと あらわしかた
10までの かず ① りかい

▶▶▶ 本冊6ページ

①6 　②8

③7　④10

⑤9

ポイント

10までの数の数え方，書き方を覚えさせましょう。
○は，まず上の列を左から，次に下の列を左から，
声に出して，順序よくぬらせましょう。

6 かずの いみと あらわしかた
10までの かず ① れんしゅう

▶▶▶ 本冊7ページ

①7　②8

③10　④6

⑤9

ポイント

かぞえ落としや，2度かぞえがないように，絵に印
をつけながらかぞえさせましょう。

7 かずの いみと あらわしかた
10までの かず ② りかい

▶▶▶ 本冊8ページ

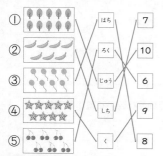

①　　　　はち　　7
②　　　　ろく　　10
③　　　　じゅう　6
④　　　　しち　　9
⑤　　　　く　　　8

ポイント

絵のかぞえ方，数字の読み方，書き方を，しっか
り身につけさせましょう。

8 かずの いみと あらわしかた
10までの かず ② れんしゅう

▶▶▶ 本冊9ページ

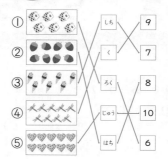

①　　　しち　　9
②　　　く　　　7
③　　　ろく　　8
④　　　じゅう　10
⑤　　　はち　　6

9 かずの いみと あらわしかた
10までの かず ② れんしゅう

▶▶▶ 本冊10ページ

①7　②4　③2　④1　⑤6

⑥10　⑦9　⑧3　⑨5　⑩8

ポイント

数字を正しい書き順で書けるように，指導しま
しょう。

10 かずの いみと あらわしかたの まとめ
6ぴき さがそう

▶▶▶ 本冊11ページ

べんきょうした日　月　日

10 かずの いみと あらわしかたの まとめ
6ぴき さがそう

▶▶ 答えはべっさつ2ページ

ちょうど 6ぴき いる どうぶつを さがそう。

こたえ　いぬ

2

ポイント

同じ仲間を線で囲んでから，それぞれの数を，絵に印をつけながらかぞえさせ，囲みの中にその数を書かせましょう。

11 かずの いみと あらわしかた **りかい**
かずの おおきさくらべ ①

本冊12ページ

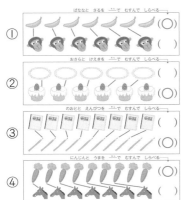

① （○）
（　）

② （○）
（　）

③ （　）
（○）

④ （○）
（　）

ポイント

上の絵と下の絵が，1つずつ対応するように，線で結ばせます。あまったほうが数が多いということを理解させましょう。

12 かずの いみと あらわしかた **れんしゅう**
かずの おおきさくらべ ①

本冊13ページ

① （○）
（　）

② （○）
（　）

③ （　）
（○）

④ （　）
（○）

13 かずの いみと あらわしかた **りかい**
かずの おおきさくらべ ②

本冊14ページ

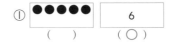

① ●●●●● ｜ 6
（　） ｜ （○）

② ●●●●● ｜ 8
（○） ｜ （　）

③ ●●●●● ●● ｜ 9
（　） ｜ （○）

④ ●●●●● ●●●●● ｜ 10
（　） ｜ （○）

ポイント

●の数をかぞえて，数字で書かせましょう。
数字どうし，大きさが比べられるように，数の系列をしっかり覚えさせましょう。

14 かずの いみと あらわしかた **れんしゅう**
かずの おおきさくらべ ②

本冊15ページ

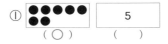

① ●●●●● ●● ｜ 5
（○） ｜ （　）

② ●●●●● ● ｜ 7
（○） ｜ （　）

③ ●●●●● ●●●●● ｜ 10
（　） ｜ （○）

④ ●●●●● ● ｜ 8
（　） ｜ （○）

3

15 かずの いみと あらわしかた
かずの おおきさくらべ ③ りかい

▶▶▶ 本冊16ページ

それぞれ, 次の数に○をつけます。

①5　②8　③9　④10　⑤6
⑥4　⑦4　⑧8　⑨10　⑩7

ポイント

1から10までの数を順に言わせて, 数の大きさの
順序を確認させましょう。

 16 かずの いみと あらわしかた
かずの おおきさくらべ ③ れんしゅう

▶▶▶ 本冊17ページ

それぞれ, 次の数に○をつけます。

①3　②5　③9　④4　⑤9
⑥7　⑦3　⑧10　⑨10　⑩9

 17 かずの いみと あらわしかた
かずの おおきさくらべ ④ りかい

▶▶▶ 本冊18ページ

1　①3　②6　③7, 10
2　①4　②2　③0

ポイント

10までの数を, 途中からでも, 小さい順に言える
ようにさせましょう。
何もないことを 0 (れい) という数で表すことを理
解させましょう。

 18 かずの いみと あらわしかた
かずの おおきさくらべ ④ れんしゅう

▶▶▶ 本冊19ページ

1　①5　②8　③4　④8
2　①1　②0　③2

ポイント

10までの数を, 小さい順に言えるようになったら,
大きい順にも言えるようにさせましょう。

 19 かずの いみと あらわしかた
なんばんめ ① りかい

▶▶▶ 本冊20ページ

① まえから　3だい

→まえから　3つを　ぬる。

② まえから　3だいめ

→まえから　3つめを　1つだけ　ぬる。

③ うしろから　2だい

うしろから　2つを　ぬる。→

④ うしろから　2だいめ

うしろから　2つめを　1つだけ　ぬる。→

ポイント

「何台目」と「何台」のちがいを理解させましょう。
「何台目」は, 順番や場所を表すので, 1台だけを答え
ること,「何台」は, まとまりの数を表すので, 複数台
を答えること, を理解させましょう。
「前から何台」,「前から何台目」は, 前から順に,「後
ろから何台」,「後ろから何台目」は, 後ろから順に,
それぞれ番号をふってから考えさせてもよいでしょう。

 20 かずの いみと あらわしかた
なんばんめ ① れんしゅう

▶▶▶ 本冊21ページ

① まえから　4にんめ

② まえから　4にん

③ うしろから　6にんめ

④ うしろから　6にん

ポイント

「何人目」と「何人」のちがいも, 20ページと同様
であることを理解させましょう。

21 かずの いみと あらわしかた
なんばんめ ②
▶▶▶ 本冊22ページ

1 ①きりん, りす　　②とり

2 ①りんご, もも, いちご　②りんご

ポイント

「何匹」と「何匹目」のちがいも, 20・21 ページと同様であることを理解させましょう。

ここが ニガテ

順番や場所, 数のまとまりの表し方とともに, 前, 後ろ, 右, 左, 上, 下という言葉についても, 正しく理解させましょう。

22 かずの いみと あらわしかた
なんばんめ ②
▶▶▶ 本冊23ページ

1 ①ゆみ　②みさき, たけし, ゆみ

2 ①ひつじ　　②きりん, うし

ポイント

順番と集合のちがいを確認させましょう。

ここが ニガテ

指をさしながらかぞえるとき, 最初の1をかぞえずに2番目から1, 2, ……とかぞえるまちがいに気をつけさせましょう。

23 かずの いみと あらわしかた
なんばんめ ②
▶▶▶ 本冊24ページ

①4　　②6　　③5　　④3

⑤かずお, ゆき, ひろし, さおりに○をかきます。

ポイント

21 ページでは, 左側が前, 右側が後ろになっていますが, ここでは, 逆になっています。問題は, 文章, 絵ともに気をつけて見させましょう。

ここが ニガテ

「前から何人目」, 「後ろから何人目」と, 「前から何人」, 「後ろから何人」とのちがいをはっきりさせましょう。

24 かずの いみと あらわしかたの まとめ
おみやげは なあに
▶▶▶ 本冊25ページ

25 かずの いみと あらわしかた
いくつと いくつ ①
▶▶▶ 本冊26ページ

1 ①2　　　②4

2 ①2　　　②3　　　③1

3 ①3　　　②5　　　③4

ポイント

足りないぶんを○でかきたしてかぞえたり, 指をおったりして考えさせましょう。

26 かずの いみと あらわしかた
いくつと いくつ ①
▶▶▶ 本冊27ページ

1 ①3　　　②1

2 ①5　　　②3　　　③4

3 ①2　　　②6　　　③3

27 かずの いみと あらわしかた **りかい**
いくつと いくつ ②

▶▶▶ 本冊28ページ

1 ①4 ②2 ③3 ④1
2 ①4 ②1 ③2 ④3
　　⑤5
3 ①2 ②5 ③1 ④3
　　⑤4 ⑥6

ポイント

慣れないうちは，●の数や指おりで確認させて，正しく求められるようにさせましょう。慣れてきたら，暗算で答えられるように，くり返し練習させましょう。

 28 かずの いみと あらわしかた **れんしゅう**
いくつと いくつ ②

▶▶▶ 本冊29ページ

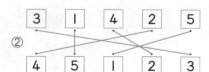

①

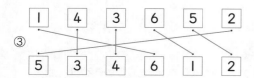

②

③

ポイント

5，6，7の数の構成をしっかりと覚えさせましょう。

ここが ニガテ -

なかなか覚えられない場合，5は1と4，2と3，…とくり返し言わせましょう。

29 かずの いみと あらわしかた **りかい**
いくつと いくつ ③

▶▶▶ 本冊30ページ

1 ①4 ②2 ③5
2 ①4 ②2 ③6
3 ①7 ②4 ③2 ④5

ポイント

これから習うたし算やひき算の基本になりますから，数の合成や分解が，絵などをたよらずにできるようになるまで，くり返し練習させましょう。

30 かずの いみと あらわしかた **れんしゅう**
いくつと いくつ ③

▶▶▶ 本冊31ページ

1 ①7 ②3 ③6
2 ①5 ②3 ③7
3 ①5 ②3 ③8 ④6

31 かずの いみと あらわしかた **りかい**
いくつと いくつ ④

▶▶▶ 本冊32ページ

1 ①3 ②6 ③4 ④1
2 ①6 ②5 ③2 ④1
　　⑤4
3 ①8 ②5 ③4 ④7
　　⑤1 ⑥6

ポイント

慣れないうちは，●の数や指おりで確認させてもよいですが，数字を見ただけでわかるように，くり返し練習させましょう。

ここが ニガテ -

数が大きくなると，まちがいも多くなりがちです。しっかりと覚えさせましょう。

32 かずの いみと あらわしかた **れんしゅう**
いくつと いくつ ④
▶▶▶ 本冊33ページ

①
5	2	4	6	3
4	3	2	5	6

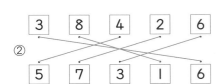
②
3	8	4	2	6
5	7	3	1	6

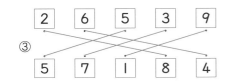
③
2	6	5	3	9
5	7	1	8	4

ポイント

8, 9, 10 の数の構成をしっかりと覚えさせましょう。

ここが ニガテ - - - - - - - - - - - - - -

まちがえた場合は，8 は 1 と 7，2 と 6，…というようにくり返し言わせて，確実に身につけさせましょう。

 33 かずの いみと あらわしかた **れんしゅう**
いくつと いくつ ④
▶▶▶ 本冊34ページ

①6	②4	③1	④6	⑤2
⑥2	⑦3	⑧3	⑨2	⑩5
⑪6	⑫4	⑬6	⑭0	

ポイント

5 から 10 までの数の構成の復習です。確実にできているか，確認しましょう。

ここが ニガテ - - - - - - - - - - - - - -

答えを出すまで時間がかかる場合は，くり返し練習させてスピードアップをはかりましょう。

 34 かずの いみと あらわしかたの まとめ
なにを たべたかな
▶▶▶ 本冊35ページ

35 かずの いみと あらわしかた **りかい**
10より おおきい かず ①
▶▶▶ 本冊36ページ

①14　②16　③12　④18

ポイント

①は，10 のかたまりを線で囲んで，10 といくつかかぞえさせましょう。
③は，2, 4, 6, 8, 10, 12 と，2 つとびでかぞえられるように練習させましょう。
④は，5 が 2 つで 10，5 が 3 つで 15 になることを覚えさせましょう。

36 かずの いみと あらわしかた
110より おおきい かず ① れんしゅう

▶▶▶ 本冊37ページ

①19　②17　③15　④20

ポイント

数が多いもの
は，10ずつ線
で囲んでかぞえ
させましょう。
2個ずつや5個ずつかぞえると，より速くかぞえら
れるということを実感させ，2つとび，5つとびの
かぞえ方を練習させましょう。

37 かずの いみと あらわしかた
10より おおきい かず ② りかい

▶▶▶ 本冊38ページ

1 ①12　②15　③17　④19
　　⑤2，20

2 ①10　②4　③10　④6

ポイント

10と2は，十の位が1，一の位が2の数で，12と
書き，「じゅうに」と読むこと，十の位の1は，10
が1つあることを理解させましょう。20は，十の
位が2だから，10が2つあることにも気づかせま
しょう。

38 かずの いみと あらわしかた
10より おおきい かず ② れんしゅう

▶▶▶ 本冊39ページ

1 ①14　②18　③16　④11
　　⑤13

2 ①5　②10　③2　④10
　　⑤7

39 かずの いみと あらわしかた
10より おおきい かず ③ りかい

▶▶▶ 本冊40ページ

それぞれ，次の数に○をつけます。

1 ①11　②15　③14　④20

2 ①14　②11　③13

ポイント

1 十の位が同じ数のときは，一の位の数の大き
さを比べればよいことを理解させましょう。十の
位に数がないときは，10より小さいと考えるこ
と，また，十の位の数が異なるときは，十の位の
数が大きいほうが大きく，一の位の数は考えなく
てよいことを理解させましょう。
2 数直線を使って考えさせます。

小さくなる◀━━━　　　　　　　　━━▶大きくなる

0 1 2 3 4 5 6 7 8 9 10 11 12 13 14 15 16 17 18 19 20

12より2大きい数
15より4小さい数

40 かずの いみと あらわしかた
10より おおきい かず ③ れんしゅう

▶▶▶ 本冊41ページ

1 それぞれ，次の数に○をつけます。
　　①17　②12　③18　④15

2 ①13　②20　③7　④19

41 かずの いみと あらわしかた
10より おおきい かず ④ りかい

▶▶▶ 本冊42ページ

①14　②19　③13　④20
⑤ 左から順に16，18　　⑥ 左から順に15，19
⑦ 左から順に16，12

ポイント

まず，右へいくほど数が増えているか，それとも
減っているかを考えさせましょう。
数を書き入れたら，どの数も，隣の数とのちがい
が同じになっているか，確認させましょう。
④，⑤，⑥，⑦は2つとびの数が並んでいます。
20までの数の並び方を覚えさせましょう。

42 かずの いみと あらわしかた
10より おおきい かず ④ れんしゅう

▶▶▶ 本冊43ページ

① 10 ② 15 ③ 10 ④ 18

⑤ 左から順に13，15 ⑥ 左から順に17，16

⑦ 左から順に5，20

ポイント

③，④は2つとびの数，⑦は5つとびの数になっています。20までの数の並びを，小さいほうからも，大きいほうからも，すらすらと言えるようにさせましょう。

43 かずの いみと あらわしかた
10より おおきい かず ④ れんしゅう

▶▶▶ 本冊44ページ

それぞれ，左から順に

① 11，13 ② 18，17 ③ 18，20

④ 15，9 ⑤ 20，14 ⑥ 12，13，15

⑦ 18，12

44 かずの いみと あらわしかたの まとめ
なにが いるのかな

▶▶▶ 本冊45ページ

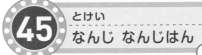

45 とけい
なんじ なんじはん りかい

▶▶▶ 本冊46ページ

1 ①8 ②3

2 ⓘ

3 ①

ポイント

○時の場合は，短い針がさしている数字をよむこと，○時半の場合は，短い針をはさむ2つの数字の小さいほうをよむことを理解させましょう。

46 とけい
なんじ なんじはん れんしゅう

▶▶▶ 本冊47ページ

1 ①4 ②10

2 ⓘ

3 ①

ポイント

2では，6時半は6時を過ぎていることから，短い針は6から7のほうへ進んでいることに気づかせましょう。

44 かずの いみと あらわしかたの まとめ
なにが いるのかな

9

47 ずで かずを しらべる
ずで かずを せいりする 《りかい》

▶▶▶ 本冊48ページ

①右の図 ②いちご

③すいか

④4, 6, 5, 3

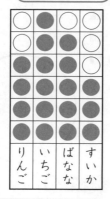

ポイント

絵を表に整理すると，数の多い，少ないがわかりやすくなることを実感させましょう。かぞえ落としがないように，かぞえた絵に印をつけさせ，最後に絵の数と，色をぬった○の数が合っているか，確認させましょう。

48 ずで かずを しらべる
ずで かずを せいりする 《れんしゅう》

▶▶▶ 本冊49ページ

①右の図 ②くりっぷ

③のおと

④3, 7, 5, 4

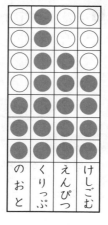

ポイント

絵と○を１つずつ対応させながら，○を下から順にぬらせましょう。表に数を書くときは，●の数をかぞえればよいことに気づかせます。

49 ながさや かさ
ながさくらべ 《りかい》

▶▶▶ 本冊50ページ

■ ① い ②あ ③い ④い

■ あ, 8

ポイント

■① 左がそろっていれば，右へいくほど長いということを理解させましょう。

② たるんでいるところをぴんと張れば，そのぶん長くなることに気づかせましょう。

③ 縦の長さと横の長さは，折り重ねたときにあまったほうが長いということを理解させましょう。

④ 横の長さをテープに示し，テープを縦のところに端を合わせて並べることで，長さが比べられることを理解させましょう。

■長さをます目いくつ分で表したときは，ます目の数が多いほうが長いということに気づかせます。

50 ながさや かさ
ながさくらべ 《れんしゅう》

▶▶▶ 本冊51ページ

■ ①い ②い ③あ ④あ

■ い, 8

ポイント

いろいろな物の長さの比べ方を工夫させてみましょう。

51 ながさや かさ
かさくらべ 《りかい》

▶▶▶ 本冊52ページ

①あ ②あ ③い

ポイント

①は直接水を入れかえる方法です。②は同じ大きさの入れ物に入れて，水の高さを比べる方法です。③は同じ大きさの入れ物何杯分かで比べる方法です。いずれの場合も，どういう状態になるほうが水が多く入るといえるか，考えさせましょう。

52 ながさや かさ
かさくらべ　れんしゅう
▶▶▶ 本冊53ページ

① あ　② い　③ あ

ポイント

① あの水は いに入りきらないであふれています。
② 水の高さが高いほうが多いです。
③ コップの数をかぞえて比べます。

53 いろいろな かたち
かたちの なかまわけ　りかい
▶▶▶ 本冊54ページ

1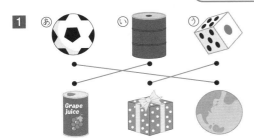

2 ① あ，い　　② い，う

3 あ1　　い2　　う3

ポイント

1 ボールの形，筒の形，箱の形の3種類があります。同じ種類どうしを結びます。立体の形をどのような仲間に分ければよいか，考えさせましょう。
2 筒の形は横にすれば転がり，平らな面を下にすれば高く積めることに気づかせましょう。
3 立体の形の仲間分けをしっかりと理解させましょう。

54 いろいろな かたち
かたちの なかまわけ　れんしゅう
▶▶▶ 本冊55ページ

1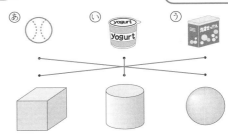

2 ① あ，い　　② い，う

3 あ2　　い3　　う4

ポイント

どこから見ても丸い形，上と下が平らな円で横にすると転がる形，平らな6つの面からできている形，という区別がはっきりわかるようにさせましょう。

55 ひろさ
ひろさくらべ　りかい
▶▶▶ 本冊56ページ

1 あ　　　　**2** さき

ポイント

1 重ねて広さを比べています。はみ出しているほうが広いことを理解させましょう。
2 勝った回数だけ□に色をぬっています。けんじさんは15個，さきさんは17個に色をぬっているので，さきさんのほうが勝った回数が多いということを理解させましょう。

56 ひろさ
ひろさくらべ　れんしゅう
▶▶▶ 本冊57ページ

1 い　　　　**2** ひろき

ポイント

2 見た目で判断せず，ます目をきちんとかぞえて比べさせましょう。
ひろきさんは17個，ゆみさんは15個です。

57 おおきい かず
20より おおきい かず ①

りかい

▶▶▶ 本冊58ページ

1 2, 20, 7, 27

2 ①6, 60 ②4, 40, 6, 46

ポイント

1

10のまとまりが2こで20, 20と7で27です。
27を207と書かないように注意させます。
2②10のまとまりが4こで40, 40と6で46です。

58 おおきい かず
20より おおきい かず ①
れんしゅう

▶▶▶ 本冊59ページ

1 3, 30, 4, 34

2 ①5, 50 ②4, 40, 2, 42

ポイント

110のまとまりが3こで30, 30と4で34です。
2②10のまとまりが4こで40, 40と2で42です。

59 おおきい かず
20より おおきい かず ②
りかい

▶▶▶ 本冊60ページ

1 ①3, 6 ②4, 0

2 ①6, 4 ②8 ③38 ④9, 0

ポイント

1①36 さんじゅうろく (三十六)
　　一の位の数 1が6こで6 ┐
　　十の位の数 10が3こで30 ┘30と6で36

②40 よんじゅう (四十)
　　一の位の数 1が0こで0 ┐
　　十の位の数 10が4こで40 ┘40と0で40

60 おおきい かず
20より おおきい かず ②
れんしゅう

▶▶▶ 本冊61ページ

1 ①2, 6 ②5, 0

2 ①7, 6 ②9 ③53 ④3, 0

ポイント

2桁の数のしくみをしっかりと理解させましょう。

61 おおきい かず
20より おおきい かず ③

りかい

▶▶▶ 本冊62ページ

①39 ②75 ③63 ④74
⑤39, 40 ⑥40, 60 ⑦61, 60 ⑧25, 35
⑨70, 60

ポイント

① 34, 35, 36, 37, 38, 39　一の位の数が1ずつ大きくなります。

② 75, 76, 77, 78　一の位の数が1ずつ小さくなります。

数の並びを数直線を使って理解させましょう。

62 おおきい かず
20より おおきい かず ③
れんしゅう

▶▶▶ 本冊63ページ

①48 ②32 ③81 ④48
⑤58, 60 ⑥60, 70 ⑦70, 69 ⑧35, 25
⑨70, 85

ポイント

⑤ 1ずつ大きくなります。
⑥ 10ずつ大きくなります。
⑦ 1ずつ小さくなります。
⑧ 5ずつ小さくなります。
⑨ 5ずつ大きくなります。

63 おおきい かず
20より おおきい かず ④
りかい

▶▶▶ 本冊64ページ

次の数に○をつけます。

①38　②54　③51　④87
⑤72　⑥45　⑦90　⑧60

ポイント

十の位の数が大きいほうが大きいです。
十の位の数が同じときは，一の位の数で比べます。
十の位の数が同じでないときは，一の位の数の大きさに関係なく，大小が決まることに気づかせましょう。

64 おおきい かず
20より おおきい かず ④
れんしゅう

▶▶▶ 本冊65ページ

次の数に○をつけます。

①64　②87　③71　④43
⑤53　⑥58　⑦40　⑧91

65 おおきい かず
20より おおきい かず ④
れんしゅう

▶▶▶ 本冊66ページ

1 次の数に○をつけます。

①45　②72　③70　④85

2 ○，△の順に　①80, 59　②68, 64
③53, 49

66 おおきい かずの まとめ
おまつりだ！

▶▶▶ 本冊67ページ

67 おおきい かず
100より おおきい かず
りかい

▶▶▶ 本冊68ページ

1　①104　②121

2　①99, 100　②110, 111　③120, 122

ポイント

1 ①100と4で百四とよみ，104と書きます。
②100と20と1で百二十一とよみ，121と書きます。100201などとしないよう，正しい書き方を覚えさせましょう。

2 ②③100をとれば1桁や2桁の数の並びと同じであることに気づかせましょう。

68 おおきい かず
100より おおきい かず
れんしゅう

▶▶▶ 本冊69ページ

1　①102　②115

2　①100, 103　②107, 109　③117, 120

とけい
なんじなんぷん ①
りかい

▶▶▶ 本冊70ページ

①2, 50　②6, 20　③4, 35　④10, 12

ポイント

時計の短針が○と△の間にあるときは○時台で
あることを理解させましょう。また、長針のよみ
方もくり返し練習させて覚えさせましょう。

とけい
なんじなんぷん ①
れんしゅう

▶▶▶ 本冊71ページ

①8, 40　②3, 5　③12, 20

④1, 45　⑤2, 32　⑥5, 58

とけい
なんじなんぷん ②
りかい

▶▶▶ 本冊72ページ

1 ① ② ③

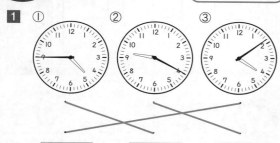

| 4じ9ふん | 4:45 | 9:20 |

2 ① ②

ポイント

1 4:45は、4じ45ふん、9:20は、9じ20ぷん
とよむことを理解させましょう。

2 長針は、正確な位置をさすように、定規を使っ
てかかせましょう。

ここが ニガテ

45分を9分、20分を4分、10分を2分などとよ
まないように、正しいよみ方を身につけさせま
しょう。

とけい
なんじなんぷん ②
れんしゅう

▶▶▶ 本冊73ページ

1 ① ② ③

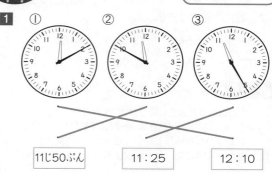

| 11じ50ぷん | 11:25 | 12:10 |

2 ① ②

ポイント

1 短針の位置で、12時前か12時を過ぎているか
確認させましょう。

とけい
なんじなんぷん ②
れんしゅう

▶▶▶ 本冊74ページ

1 ①2, 40　②6, 10

2 ① ②

ポイント

1 ①長針が8をさしているので、40分です。

②短針は6と7の間なので、6時台です。

ここが ニガテ

長針がさしている数字を（40分を8分のように）
そのままよんだり、20分前（40分）を20分のよ
うに逆向きに見たりしないよう、正確なよみ方を
身につけさせましょう。

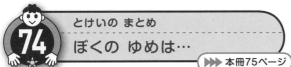

74 とけいの まとめ
ぼくの ゆめは…

▶▶▶ 本冊75ページ

76 いろいろな かたち
かたちを つくる　れんしゅう

▶▶▶ 本冊77ページ

1　①6　　②6　　③7

2　（例）

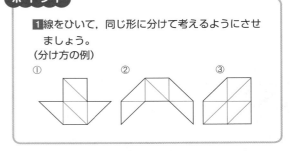

ポイント

1 線をひいて，同じ形に分けて考えるようにさせ
ましょう。
（分け方の例）

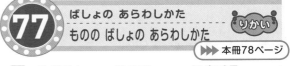

77 ばしょの あらわしかた
ものの ばしょの あらわしかた　りかい

▶▶▶ 本冊78ページ

1　①ひろと　　②まき　　③ちひろ

2　①2，4　　②3，3

ポイント

1 ①上から2番目の段と，右から3番目の列の交
わったところの名前を答えることを理解させ
ます。

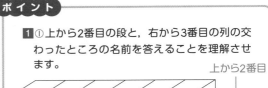

75 いろいろな かたち
かたちを つくる　りかい

▶▶▶ 本冊76ページ

1　①6　　②6　　③4

2　（例）

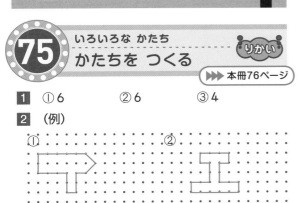

ポイント

1 線をひいて，同じ形に分けて考えるようにさせ
ましょう。
（分け方の例）

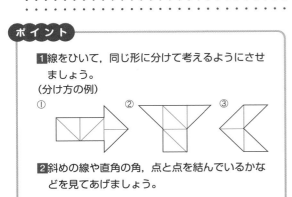

2 斜めの線や直角の角，点と点を結んでいるかな
どを見てあげましょう。

15

78 ばしょの あらわしかた
もののばしょの あらわしかた れんしゅう

▶▶▶ 本冊79ページ

1 ①ぬまた ②かとう ③さとう

2 ①4, 4 ②1, 3

ポイント

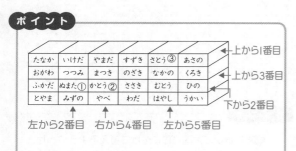

79 ばしょの あらわしかたの まとめ
サーカスが はじまるよ

▶▶▶ 本冊80ページ